Cómo asesorar una tesis

DR. JOSÉ SUPO

Médico Bioestadístico

www.bioestadistico.com

Cómo asesorar una tesis – Rentabiliza tu conocimiento y experiencia profesional

Primera edición: Enero del 2014

Editado e Impreso por BIOESTADISTICO EIRL
Av. Los Alpes 818. Jorge Chávez, Paucarpata, Arequipa, Perú.

Hecho el depósito legal en la Biblioteca Nacional del Perú.

N ° 2014-00199

ISBN: 1493782614
ISBN-13: 978-1493782611

DEDICATORIA

A los investigadores, que aportan al conocimiento y a la construcción del
método investigativo...

A los que pretenden con la ciencia mejorar el mundo.

CONTENIDO

Pauta 1

La asesoría de tesis

¿A quién denominamos asesor de tesis? ¿Cuál es la diferencia con el tutor de tesis? La asesoría de tesis es una actividad profesional. Para quienes somos médicos, asesorar una tesis no es distinto a tratar a un paciente; cuando un paciente acude a nuestro consultorio por consulta médica, esta actividad profesional debe ser remunerada. Lo mismo ocurrirá cuando un alumno está desarrollando su trabajo de tesis: acude por consulta donde un profesional y este debe recibir una remuneración a cambio.

El asesor de tesis no solamente brinda un consejo al tesista, sino que también puede desarrollar algunas partes específicas del trabajo de investigación. Por supuesto, nos referimos a procedimientos que el autor, en este caso el alumno, puede delegar o puede subcontratar sin perder el título de autor, porque finalmente es él quien va a sustentar su trabajo de investigación, va a hacer la presentación ante los jurados y también va a realizar la defensa de su tesis.

Entonces, si bien el alumno cuenta con el apoyo de un asesor de tesis, debe entender y debe estar en la capacidad de desarrollar todo cuanto aparece en su documento, todo lo que se ha desarrollado en su trabajo de tesis.

La diferencia entre el asesor de tesis y el tutor de tesis es muy amplia. El tutor de tesis puede definirse mejor cuando utilizamos la palabra mentor. Esta palabra aparece en la Ilíada, cuando Odiseo tiene que viajar a la guerra de Troya deja encargado a su hijo Telémaco, el príncipe de Ítaca, en las manos de su amigo Mentor.

Mentor, el mejor amigo de Ulises, se encarga de la educación del nuevo rey, se encarga no solamente de enseñarle las artes de la guerra sino también el arte de administrar toda una nación. Recordemos que Ulises se fue por más de quince años a la guerra y durante ese tiempo el hijo del rey necesitaba aprender cómo gobernar un país. Esta tarea la realizó Mentor.

De ahí viene la palabra mentor, en este caso el sinónimo de tutor, una persona que no tiene ningún interés económico cuando apoya el trabajo de investigación del alumno; de hecho, la relación entre el tutor y el tesista es una relación de maestro-alumno.

Hay una condición que los une a ambos: la línea de investigación. El alumno es quien elige a su mentor, y es el mentor quien acepta la solicitud del alumno. El alumno es quien elige a su tutor en función a la línea de investigación. Por esta razón, el alumno debe, en primer lugar, definir cuál es su línea de investigación, cuál es el tema que desea investigar, por qué tema siente pasión de querer conocer más, qué es lo que lo apasiona, a qué tema dedica más tiempo en su profesión o en su vida académica. Este tema se define como línea de investigación y en función a él tiene que elegir a su futuro tutor o mentor.

De modo que el alumno tendrá que elegir entre los tutores o mentores disponibles a aquella persona que le guíe en el camino del trabajo de investigación, pero cuando hablamos de camino no nos referimos únicamente al estudio en curso, sino a toda la línea de investigación. Recordemos que la finalidad de un estudio no es solucionar problemas, estos se solucionan con una línea de investigación.

Una línea de investigación es como una guerra y un trabajo de investigación es como una batalla. Si quieres ganar la guerra debes librar muchas batallas. En la medida en que cada una de estas batallas sea ganada, se ganará la guerra. La línea de investigación es la guerra y el estudio en curso es solamente una batalla. La línea de investigación apunta a solucionar un problema y el estudio en curso apunta alimentar la línea de investigación.

Los investigadores identifican problemas en la población y quieren darles solución, pero la diferencia entre el investigador y el emprendedor es que este último busca soluciones existentes para solucionar problemas; en cambio, el investigador busca investigar para encontrar la solución a un problema. Esto significa que la solución que el investigador plantea para un problema no está disponible en un primer momento y su tarea es precisamente buscar la solución.

Pero un problema no se soluciona con un trabajo de investigación aislado, sino que se necesita una secuencia de trabajos para poder llegar al objetivo final. Esta secuencia de trabajos de investigación se denomina línea de investigación.

Cada estudio es solamente un punto en esta línea, todos estos puntos alineados nos conducen a la solución del problema. La misión del investigador es solucionar problemas y la visión es plantear una solución efectiva; por lo tanto, el tutor o mentor tiene que guiarlo en este camino, su trabajo es guiarlo a través de la línea de investigación, por ello, el tutor o mentor tiene que compartir la línea de investigación con el alumno, porque no es posible que alguien pueda guiarte en un camino que no ha recorrido. De tal modo que el tutor o mentor al encontrar un alumno que comparte su misma línea de investigación ha encontrado un aliado para ir a librar la batalla y para ir a ganar la guerra.

Por esta razón, el tutor o mentor no tiene ningún objetivo o beneficio económico al guiar el trabajo de investigación de un alumno. Como ambos deben tener la misma línea investigación no es necesario que sea un docente de la universidad. Algunas instituciones exigen que el tutor de tesis sea uno de sus docentes disponibles, pero eso es incorrecto, erróneo, porque el investigador que tenga la línea de investigación más cercana al alumno no necesariamente enseña en la universidad donde el alumno desea graduarse.

Por otro lado, el asesor de tesis tiene una figura muy distinta a la del tutor. Al asesor de tesis lo podemos identificar como la figura de un abogado. Cuando nosotros contratamos a un abogado no lo hacemos solamente para que nos dé consejo, sino también le encargamos una serie de tareas que debe cumplir para poder concretar una actividad

Si queremos inscribir una empresa, queremos fundar una organización, entonces, vamos a necesitar la ayuda de un abogado. Él no solamente nos indicará cuáles son las características o las pautas que debemos seguir para la construcción de esta organización, sino que además escribirá los estatutos de la nueva empresa, presentará los documentos a las oficinas correspondientes y realizará todas las actividades que necesitamos para fundar la empresa. Sin embargo, la organización le pertenece al cliente porque es él quien ha solicitado la función, la actividad profesional, el servicio del abogado.

Eso es exactamente igual cuando se asesora una tesis. En la asesoría de tesis no solamente se brinda consejo al alumno, sino que también se pueden desarrollar algunos puntos muy específicos de trabajo de investigación. Es ahí cuando aparece la labor de un asesor de tesis, algunos procedimientos los puede desarrollar a favor del alumno y algunos procedimientos no son factibles de ser delegados o subcontratados.

Hay que recordar que el autor de la tesis no necesariamente ejecuta todos los procedimientos que se deben desarrollar para completar un trabajo de investigación. Por ejemplo, la recolección de datos es una de las actividades que se subcontrata con mayor frecuencia.

Significa que un asesor de tesis podría llevar a cabo la recolección de datos en favor del alumno, esto para algunos podría sonar contraproducente, para aquellos docentes o jurados que exigen que los alumnos desarrollen al 100% el trabajo de investigación y la verdad es que el alumno o el autor del estudio no necesariamente debe desarrollar todo el trabajo; de hecho, existen circunstancias donde la recolección de datos necesariamente lo debe de realizar una persona externa, una persona extraña, que no tiene nada que ver con el estudio.

Por ejemplo, cuando no queremos sesgar las mediciones de las unidades de estudio utilizamos a un evaluador externo, es decir, otra persona es quien realiza las mediciones. A esto se le denomina simple ciego y la finalidad es evitar el sesgo de medición.

Esto no es más que un ejemplo de una de las actividades que el tesista puede subcontratar, y es ahí donde aparece la figura del asesor de tesis, un asesor de servicios que desarrolla una actividad profesional y, como tal, debe ser remunerada.

Pauta 2

El asesor es un orientador vocacional

Ciertamente, todo alumno o tesista debe contar con un tutor de tesis. La Universidad lo exige y se supone que el tesista es un investigador en formación y por eso requiere del apoyo de un tutor. La universidad reconoce que el tesista no es un investigador completo sino en formación y, por esta razón, le exige que demuestre su capacidad investigativa a través de una tesis.

Si la universidad reconociera que el alumno ya sea de maestría o de doctorado es un investigador comprobado y a carta cabal, no le exigiría graduarse mediante el desarrollo de un trabajo de tesis. Partimos de esta premisa y esa es la razón por la que todo tesista ya sea de pregrado o de posgrado necesita el apoyo de un tutor de tesis.

El tutor de tesis debe firmar el trabajo de investigación como una forma de avalar que todo lo que está escrito en este documento ha sido revisado por un especialista, por un profesional, por un investigador que tiene más experiencia que el alumno.

La realidad, sin embargo, es completamente distinta a esta ilusión. Los tutores de tesis, que en teoría deben ser los mentores o los maestros, suelen abandonar al tesista y para ello tienen un sinfín de argumentos que no vamos a comentar, porque el tutor de tesis debe realizar la tarea de guía para un alumno. Para muchos docentes esto puede significar una carga académica adicional, una tarea y un trabajo por el que sienten que no están siendo recompensados, remunerados; por tanto, abandonan esta tarea científica que deben realizar.

El alumno, ante esta circunstancia, ante esta realidad que le toca vivir, suele buscar un asesor de tesis externo, una persona que le brinde sus servicios profesionales y no solamente su consejo. Entonces, el asesor de tesis realizará y suplirá la tarea del tutor o mentor. Esto es lo que normalmente ocurre.

Por otro lado, para poder ayudar y apoyar al tesista en el desarrollo de un trabajo de investigación, hay que tener conocimientos sobre métodos, estadística, el concepto académico, el contenido del trabajo de investigación, la parte técnica que a veces se requiere para hacer las mediciones y, finalmente, tener una visión crítica del trabajo que se está desarrollando.

Estas actividades pueden ser desarrolladas por distintos asesores de tesis; sin embargo, casi siempre la tarea del asesor de tesis recae sobre una sola persona, porque dijimos que esta actividad es remunerada y, entonces, el tesista se encuentra en una situación donde solo puede contratar a una persona.

Por lo tanto, este asesor va a realizar las labores de metodólogo, estadístico, asesor técnico de procedimientos, asesor académico y también le dará una visión crítica, una revisión general a la investigación; y, además de todas estas labores que bien las puede cumplir porque es un profesional, es un investigador y está poniendo sus servicios al alcance de estos nuevos investigadores que son los tesistas o los alumnos, adicionalmente tendrá que realizar la labor del tutor o mentor.

¿Por qué razón? Porque el tutor que muchas veces es asignado por la universidad abandona al tesista a su suerte. Debido a que el tesista no tiene experiencia en la investigación, necesita de un guía; por ello, ve en la necesidad de contratar a un asesor de servicios, un investigador profesional que pueda darle las pautas y no solamente eso, sino que le ayude a desarrollar segmentos muy específicos del trabajo de investigación, porque el alumno no tiene experiencia realizando mediciones, observaciones, creando instrumentos o actividades que conciernen a un investigador con más experiencia.

Por otro lado, cuando el tutor que es asignado por la universidad, el maestro o el mentor que debe guiar al alumno, participa en el desarrollo del trabajo, habitualmente confunde su rol, su actividad, cree que es uno de los jurados y su función se limita a colocar obstáculos en el desarrollo del trabajo de investigación; por lo tanto, muchas veces (y esto corresponde a la realidad) el tutor o mentor se convierte en un obstáculo porque cree que es uno de los jurados del trabajo de investigación en curso.

Si el tutor o mentor no sabe desarrollar la parte que le toca actuar en todo este escenario, se va a convertir en un jurado más. Aquellos que no tienen bien definida su función suelen terminar convirtiéndose en un jurado adicional obstaculizando el camino del alumno, demorando el desarrollo del trabajo de investigación, perjudicando el objetivo o interés genuino que tiene el alumno de graduarse en el corto plazo.

Es verdad que la universidad debe asegurarse de que el trabajo de investigación llamado tesis se lleve de acuerdo con las pautas científicas que corresponden; pero el alumno tiene en su mente solo una cosa: la graduación. Y que para lograrlo se desarrolle un trabajo en tiempo récord, pero debe cumplirse a cabalidad los criterios científicos y no transgredir las normas que la universidad le exige, por esta razón, una de las estrategias que el asesor de tesis puede desarrollar es evitar la participación del tutor o mentor.

Cuando el tutor o mentor asignado por la universidad se convierte en un obstáculo para el alumno, entonces, el asesor de tesis debe asumir el rol de tutor o mentor, debe ponerse en la situación de que él va a ser el guía y evitar los retrasos que el tutor podría ocasionar.

Si bien es cierto que la tesis debe estar firmada formalmente por un tutor, en los casos en que el tutor se convierte en un jurado más, es preferible que el alumno cuente únicamente con la firma del tutor y con nada más para evitar el entrampamiento que pudiera ocasionarse cuando el tutor confunde su rol con la del jurado.

En este caso, el asesor de servicios tendrá que asumir los roles de tutor; pero dijimos que la asesoría de tesis es una actividad profesional y como tal debe ser remunerada, mientras que la función del tutor es la función del maestro, la figura que se arma aquí es la de un maestro que guía sin condición el camino de su alumno; por lo tanto, si el asesor de servicios va a cumplir la función de tutor en este escenario donde el tutor decidió convertirse en jurado sin darse cuenta, el asesor de servicios le cobra al alumno por su labor de asesor y no por los consejos que le brinda como maestro.

La actividad del tutor o mentor siempre será una actividad altruista, de hecho, una de las funciones que cumple el tutor cuando sí desarrolla su rol a cabalidad es ampliar la red social del alumno, porque el tutor es una persona con más experiencia dentro del campo del conocimiento y dentro de la línea de investigación, conoce no solamente medios sino instrumentos, personas, instituciones y todo lo relacionado al trabajo de investigación.

Esta apertura que le permite el tutor al alumno para ampliar su red social no puede ser evaluada monetariamente; por eso es que la labor del tutor siempre es altruista. Ahora, cuando no existe el tutor o cuando solo puso su firma como una estrategia para que el alumno avance al ritmo que espera hacia su graduación, el asesor de servicios asume el rol de tutor pero no cobra por esta actividad, es decir, que el consejo profesional, las recomendaciones y la ampliación de la red social del alumno es un servicio por el que no recibe una remuneración sino únicamente por sus funciones como asesor de servicios.

En este escenario tenemos únicamente a dos personas: el alumno y su asesor particular, una persona que el alumno tendrá que remunerar directamente para que lo ayude a conducirse en este trabajo que se le ha impuesto, en esta tesis que tiene que desarrollar y completar para lograr su graduación.

En ese sentido, el asesor de tesis va a tener que desarrollar absolutamente todas las labores que pudieran compartir distintos asesores y que también le correspondería al tutor o mentor.

La primera tarea para el asesor de tesis en este escenario será definir la línea de investigación del alumno. Ciertamente, cada alumno debe descubrir cuál es su línea de investigación, pero un tesista que está enfocado únicamente en graduarse no puede identificar rápidamente su línea de investigación, sobre todo si se trata de un alumno de pregrado, alguien que nunca ha hecho un trabajo de investigación y que ni siquiera tiene el concepto de línea de investigación, primer paso que se debe cumplir para poder llevar a cabo un estudio.

Entonces, el asesor de tesis tendrá que realizar la función de orientador vocacional para poder descubrir en el tesista cuál es su afición, qué es lo que le apasiona, cuál es el tema que ha leído más que sus propios compañeros y en el que se ha convertido en un referente natural, porque en ese tema es en el que se va a desarrollar el trabajo de investigación, ahí vamos a desarrollar la tesis.

Pauta 3

Requisitos para realizar una tesis

Muchas veces el alumno tiene una idea de lo que quiere investigar, se aproxima y tiene en mente algún artículo que ha leído, una tesis que ha obtenido de la biblioteca, el trabajo de investigación de algún colega, y tiene más o menos una idea somera de lo que quiere hacer. La pregunta que nosotros debemos hacernos en este momento como asesores de tesis es si esa idea que tiene el alumno se puede ejecutar.

Para lograr esto lo primero que debemos hacer es que el alumno pueda identificar su línea de investigación; nuestro deber es que identifique el tema que más domina. Todos tenemos aficiones mayores o menores por los temas dentro de nuestra carrera profesional, no todos los temas nos apasionan en la misma medida, por eso los estudiantes obtienen calificativos más altos en una determinada materia y no tan buenos para otros cursos u otras materias.

El asesor de tesis, la única figura en la que se apoya en este momento el alumno, debe realizar la función de un orientador vocacional en la medida en que debe descubrir una vocación dentro de otra vocación. Su vocación general es la profesión que ha elegido; por alguna razón ha escogido una determinada carrera profesional y esa es su primera vocación, pero dentro de esta vocación también hay un gusto particular por un determinado tema, y esto es como una segunda vocación al interior de la primera.

Muchos alumnos —incluso nosotros mismos— tienen afición por un determinado tema, que leen con mayor continuidad, les interesa, se aferran a él incluso cuando tienen responsabilidades de leer otros temas. Como estudiantes nos enfocamos solamente en uno y como este tema nos apasiona tanto, entonces, hemos ganado más experiencia que otros compañeros o colegas, por lo tanto, nos hemos convertido en unos referentes naturales. Es en este tema en que el alumno debe desarrollar su línea de investigación, y también ejecutar su tesis.

Pero el alumno no visualiza este camino, es el asesor de tesis, en este caso cumpliendo la tarea que el tutor no ha ejecutado, el que ayuda a identificar la línea de investigación del alumno, y busca esa pasión que tiene por un tema en particular; y sobre ese tema es que debe ayudarle a desarrollar su trabajo de tesis. Los alumnos recurren al asesor de tesis por —aparte del abandono del tutor— la premura del tiempo; a veces, para graduarse solamente el tesista cuenta con unos tres o cuatro meses, este escenario se presenta con mucha frecuencia, nadie espera desarrollar un trabajo de tesis durante un año incluso durante más tiempo como a veces se solía realizar en el pasado.

Hoy en día, la velocidad de las actividades que tenemos que desarrollar está muy acelerada y, por tanto, buscamos concretizar nuestros objetivos en el corto plazo. Si pensamos en disponer únicamente de tres o cuatro meses para desarrollar una tesis, el alumno no va a ganar la experiencia necesaria en este corto periodo de tiempo para hacer una buena presentación de la tesis y una buena defensa ante sus jurados.

Por eso, debemos aprovechar las fortalezas del alumno, porque todos tenemos pasiones por temas distintos y este alumno que tenemos enfrente debe ser apasionado por alguno de los temas que están englobados dentro de su carrera profesional, tenemos que descubrir cuál es, a qué le gusta dedicar más tiempo, esa será su línea de investigación y a partir de esto debemos pensar en que tan factible de ejecutar es esta idea de investigación que se está generando poco a poco.

Recordemos que el autor de la tesis es el alumno y no el asesor; si bien el asesor va a participar desarrollando algunos segmentos muy específicos del trabajo, quien tiene que presentar y defender este trabajo es el alumno, por lo tanto, deberá conocer los procedimientos pormenorizados, deberá saber replicar cualquier actividad que se haya desarrollado en el trabajo incluso si se trata de procedimientos estadísticos, tendrá que estar en la capacidad de volver a ejecutarlos delante de sus jurados.

No importa que el asesor de servicios, el asesor estadístico, haya ejecutado esta tarea, también deberá enseñarle a ejecutar estos procedimientos; por eso decimos que la tarea del asesor de servicios no queda solamente en el desarrollo de un segmento específico del trabajo, sino que además debe capacitar al alumno para que tenga un dominio tal como si él mismo hubiese ejecutado este segmento del trabajo de investigación.

Una vez que hemos podido descubrir esta vocación en el alumno, su línea de investigación, él va a estar muy entusiasmado, muy contento de que hayamos podido ubicar un tema que a él le gusta, un tema que le apasiona y, entonces, le van a surgir una serie de ideas, va a lanzar una serie de enunciados y va a estar muy emocionado con cada uno de ellos.

Para poder escoger dentro de cada una de estas ideas, tenemos que pensar en los dos elementos que hacen posible el desarrollo de un trabajo, la población de estudio y el instrumento. Si no contamos con estos dos elementos no es posible realizar un trabajo de investigación.

El primer elemento es la población de estudio, este conjunto de individuos, de personas, de unidades de estudio, a quienes deseamos evaluar para conseguir los datos que necesitamos para nuestro trabajo. Es lógico que en todo trabajo de investigación deba existir una población de estudio que se empieza a identificar incluso desde la presentación del enunciado porque en el enunciado del trabajo aparece la unidad de estudio, y la población de estudio no es más que un conjunto de unidades de estudio.

Esto parece muy simple de definir, sin embargo, hay muchos tesistas que no identifican su población de estudio y que al momento de intentar recolectar los datos pudieran darse con la sorpresa de que esta población de estudio no existe.

Hace poco un tesista intentó realizar un estudio sobre las características del recién nacido de muy bajo peso en un hospital. Los recién nacidos de muy bajo peso tienen un peso por debajo de los 1500 gramos, son recién nacidos extremadamente pequeños. El investigador, el tesista en este caso, se propuso determinar qué características tuvo la madre, el embarazo y el parto como una manera de explorar las circunstancias alrededor de este evento de un niño que tiene muy bajo peso al nacer.

Esta era su idea de investigación y, por lo tanto, necesitaba un conjunto de recién nacidos con muy bajo peso. Desarrolló su proyecto de investigación, le puso el enunciado, los objetivos, las variables, las hipótesis y todo cuanto se requieren para el desarrollo de un proyecto e incluso lo presentó a la universidad. Lo revisaron su dictaminadores, le hicieron un par de correcciones y todo fue definido, y el proyecto de investigación fue aprobado.

El problema es que cuando fue a recolectar sus datos encontró que no existía ninguna historia de recién nacido, me refiero a una historia clínica de un recién nacido que tuviera esta característica, pero no porque no hubiera recién nacidos con un peso menor a los 1500 gramos al momento del nacimiento, sino porque alguien tomó prestadas las historias clínicas correspondientes al periodo que él pretendía estudiar y no las devolvió, entonces, no existía la fuente de información, la población de estudio a la que él quería acceder no podía ser identificada porque no existían los documentos que necesitaba para el desarrollo de su trabajo. Esto es un claro ejemplo de que si no identificamos a nuestra población de estudio, no podremos saber si el estudio que estamos desarrollando es viable o no.

El segundo requisito para saber si la tesis se puede ejecutar es el instrumento. Para poder hacer un trabajo de investigación cuantitativo, un estudio de frecuencia, un estudio de factores de riesgo, necesitamos datos, y para obtener esta información necesitamos evaluar a las unidades de estudio, pacientes, usuarios, clientes, alumnos, trabajadores, docentes, en fin cualquier nombre que nosotros queramos colocarle, para poder tener el dato de estas personas necesitamos hacerles mediciones y para poder hacer esas mediciones necesitamos instrumentos, ya sea que lo que necesitemos sean instrumentos mecánicos o instrumentos documentales.

Recordemos que los instrumentos mecánicos están destinados a medir variables objetivas como el peso, la talla o la temperatura; mientras que los instrumentos documentales evalúan variables subjetivas como la inteligencia, el clima organizacional o el estrés laboral. Si queremos hacer un estudio acerca de la adicción a Internet en un grupo de estudiantes de medicina, necesitaremos un instrumento que nos permita evaluar esta adicción a Internet que es la variable que necesitamos conocer para completar los objetivos propuestos.

Si no tenemos el instrumento, no podremos ejecutar las mediciones. Esto también podría ocurrir con un instrumento mecánico cuando necesitamos un aparato que es manejado por un ingeniero porque es un sistema complejo y este aparato no está disponible en nuestra ciudad, entonces, tampoco será factible de ejecutar el estudio.

Pauta 4

Construyendo el proyecto de tesis

Si un alumno o tesista busca los servicios profesionales de un asesor de servicios es porque necesita que le acortemos el trabajo. El tesista tiene solamente un objetivo en mente: graduarse. Por supuesto, todos los que participamos en este escenario esperamos que además de graduarse logre concretar este objetivo con un trabajo de investigación científicamente correcto, con las pautas científicas adecuadas y también exista alguna novedad para que el tesista aprenda a caminar este recorrido denominado línea de investigación para que verdaderamente nazca un nuevo investigador, y más adelante continúe la línea que comenzó con esta tesis.

Se trata de un alumno de pregrado, que probablemente nunca ha desarrollado un trabajo de investigación y la tesis es su primera experiencia, es su primer encuentro con la investigación y hay que presentarlo de la mejor manera para que pueda avanzar en este camino. Entonces, la primera táctica es que construyamos el proyecto de tesis; no exactamente el proyecto, porque le damos este nombre al documento que es aprobado por los dictaminadores de la universidad, entonces, se trata de un anteproyecto, de un esquema básico, de un esqueleto que el alumno o tesista tendrá que ir rellenando a lo largo de todo este trajín.

Este esqueleto está conformado por el método, el método en el sentido de conceptos metodológicos y estadísticos pero, además, hay que darle una muestra al alumno de los conceptos con los cuales deben rellenar este esqueleto, este esquema básico que se le está entregando; entonces, este esquema comienza por la definición del enunciado.

Es importante que el autor del estudio sea quien defina su enunciado, sea quien enuncie el trabajo de investigación, de hecho, esa es una de las primeras tareas del investigador. Solamente se puede denominar autor a aquel que define el enunciado de su estudio. Nadie más puede hacerlo. Pero hay que recordar que el alumno aquí es una persona sin experiencia, es un investigador en formación, solo no va a poder definir su enunciado.

Entonces, así como le ayudamos a definir su línea de investigación —no le imponemos una línea de investigación, nadie está diciendo eso, el alumno tiene una atracción natural por un determinado tema, lo que hace el asesor es descubrir cuál es esa atracción que tiene el alumno y sobre ese tema le ayuda a reconstruir su trabajo de investigación—, también hacemos lo mismo con el enunciado o la construcción del enunciado. El asesor de tesis tiene que ayudar al alumno a descubrir y a transformar su propósito investigativo.

Son dos conceptos importantes que aparecen en este momento. El más importante de ellos es el propósito del estudio o propósito investigativo. Se trata del punto específico de la línea de investigación y responde a la pregunta: ¿qué es lo que deseas conocer? Es probable que el alumno o tesista haya escogido un tema tan genérico como la diabetes, esta se puede considerar como una línea de investigación porque en el interior de este tema se puede desarrollar un sinfín de estudios que nos vayan permitiendo avanzar hasta el punto en que tengamos que plantear una solución al problema, un tratamiento para la diabetes. Entonces, el trabajo de investigación se tiene que desarrollar en uno de estos puntos y ese punto se fija por el propósito investigativo.

Si al alumno o tesista le apasiona la diabetes, el campo de la diabetes es muy amplio, entonces, será que quiere conocer la frecuencia de la diabetes en la población, tal vez esté interesado por identificar los factores de riesgos para la diabetes o quizás prefiera identificar las causas de la diabetes; otros alumnos están interesados por conocer las complicaciones de la diabetes y también habrá de aquellos que estén más apasionados por el tratamiento de la diabetes. Todos estos son ejemplos de propósitos investigativos y que corresponde al propósito del estudio.

Algunos investigadores lo denominan especificidad porque es el hecho específico que deseas conocer, no quieres conocer todo sobre la diabetes sino solamente la frecuencia; habrá otro que quiera conocer los factores de riesgo, pero nunca ambos porque son meros propósitos investigativos. Todo trabajo de investigación tiene solamente un propósito investigativo, un hecho específico y que más adelante se va a transformar o se va a traducir en el objetivo específico, este es el camino preliminar que se tiene que recorrer con un alumno que no tiene experiencia.

Primero, hacerle la pregunta: ¿qué es lo que deseas conocer?, ¿cuál es el hecho específico que quisieras saber?, y su respuesta será el propósito investigativo, lo que nos comunique lo consideraremos como la especificidad del estudio, este es el punto de partida para armar el enunciado de estudio porque este propósito le tendremos que agregar las unidades de estudio y le tendremos que agregar las variables pero más adelante.

Ya habíamos identificado a las unidades de estudio, lo habíamos hecho cuando habíamos ubicado la población de estudio. Teniendo en cuenta que la población de estudio no es más que el conjunto de las unidades de estudio, entonces, a este propósito investigativo le tendremos que agregar las unidades de estudio de la siguiente manera: factores de riesgo para la diabetes en pacientes menores de quince años. Entonces, aquí la palabra pacientes menores de quince años hace referencia a las unidades de estudio que no son todos, sino solamente aquellos que tienen menos de quince años.

Nos estamos refiriendo a un segmento específico de la población, y los elementos que lo conforman se definen como unidades de estudio, por lo tanto, serán unidades de estudio todas las personas o pacientes que tengan menos de quince años —esto no es un criterio de elegibilidad, no estamos enunciando aquí los criterios de inclusión, estamos definiendo a la unidad de estudio—.

Ya tenemos dos elementos: el propósito del estudio y la unidad de estudio. Y el enunciado que hemos armado hasta este momento sería: factores de riesgo para la diabetes en pacientes menores de quince años. Pero aún falta identificar a las variables que van a involucrarse en el estudio, aunque ya se encuentran implícitos en este constructo que hemos armado, cuando decimos factores de riesgo para la diabetes estamos identificando el propósito porque queremos saber qué condiciones incrementan el riesgo de enfermar o la probabilidad de enfermar.

Cuando hablamos de la palabra factores, significa que hay condiciones o características que hacen de una persona más susceptible de enfermar. Dentro los factores podríamos citar a la obesidad, sedentarismo, consumo de alcohol, condiciones que si las personas las poseen, la probabilidad de enfermar de diabetes son mayores. Pero estas características tienen que estar enfocadas en la población de estudio. Recordemos que habíamos dicho que las unidades de estudio son los pacientes menores de quince años, entonces, estos pacientes pueden ser obesos, sedentarios, pueden ser consumidores de alcohol, y aquí hacemos un alto, porque las personas menores de quince años difícilmente consumen alcohol porque se encuentran a la evaluación y a la vista de sus padres y tendremos que suprimir esta variable.

Es en función a las unidades de estudio, los pacientes menores de quince años, que definimos qué factores vamos a evaluar para ver si son o no son factores de riesgo; por otro lado, también tenemos a la variable diabetes que en este caso conforma o identifica a la variable de estudio, así se le denomina a la variable más importante que existe en el trabajo de investigación, de hecho, todo trabajo de investigación tiene solamente una variable de estudio, siempre podremos identificar una sola de ellas.

En los estudios univariados, por ejemplo, en los estudios descriptivos donde todo el análisis estadístico es univariado, la única variable que tienen estos estudios descriptivos, la única variable analítica, es la variable de estudio; pero ya cuando trabajamos con dos variables analíticas como ocurre en los estudios relacionales, una de ellas tendrá que ser la variable de estudio. Y el estudio de los factores de riesgo es, precisamente, un estudio relacional porque relaciona a los factores con la enfermedad.

En nuestro ejemplo, a los factores planteados con la diabetes y dentro de grupo de los factores está la obesidad, el sedentarismo y cualquier otro factor que queramos plantear para someterlo a prueba y ver si es o no un factor de riesgo. De esta manera, identificamos a las variables analíticas que también aparecen en el enunciado. Este es el punto de partida para poder saber exactamente qué es lo que queremos estudiar —el enunciado del estudio, por supuesto—, a esto también deberemos agregar la ubicación espacial y temporal de la siguiente manera: factores de riesgo para la diabetes en pacientes menores de quince años en la ciudad de Lima en el presente año, y le ponemos ahí la fecha o puede ser solamente un segmento temporal entre los meses de enero a marzo del presente año y le ponemos el año que corresponde.

Así tenemos el enunciado y a partir de este enunciado es que comenzamos a construir toda la estrategia metodológica, que en los casos de una asesoría de tesis debe ser idealmente construida delante del alumno para ir explicando paso a paso los procedimientos y el proceso creativo que vamos realizando y que lo vayamos compartiendo con el alumno en todo momento, de tal modo que cuando le vayan surgiendo las dudas y las preguntas lo vayamos adiestrando para la futura defensa que tendrá que realizar en su trabajo de investigación.

Pauta 5

El trabajo paso a paso con el alumno

En un escenario ideal, el autor del estudio es quien debe realizar, ejecutar y construir todo el proyecto de investigación. Esto es lo que óptimamente se esperaría, de hecho, a eso apunta el entrenamiento del investigador. Más adelante, cuando no cuente con la ayuda ni del tutor ni del asesor de tesis, el alumno tendrá que ejecutar sus trabajos de investigación por sí solo, me refiero a cuando esté fuera del escenario académico, cuando quiera ejecutar investigación académica comercial o empresarial. Este es el escenario ideal donde el alumno desarrolla cada uno de los procedimientos del trabajo de investigación.

Vámonos al otro extremo, exactamente a lado opuesto de este escenario, donde todo es lo contrario, tendríamos a un asesor de tesis que le ejecuta o le construye el trabajo de investigación a puertas cerradas, le construye un proyecto ciertamente con las pautas metodológicas, estadísticas y científicas muy bien constituidas, impecablemente desarrolladas; pero esto es contraproducente porque prácticamente el alumno estaría comprando su tesis, estaría comprando la experiencia de un desarrollador y esto tendría serias complicaciones al momento en que el alumno trate de presentar o de defender su trabajo de investigación en el momento de la sustentación.

Si el alumno no ha participado en la construcción de su proyecto de investigación y más delante de su informe final, no va a saber defender la idea de investigación que se ha desarrollado en el trabajo de tesis; por esta razón, debe participar en la mayor cantidad de pasos posibles. Aquí hay que encontrar un equilibrio, si el alumno desarrolla por sí mismo el trabajo de investigación al 100%, el asesor de tesis tendría que enseñarle a desarrollar cada una de las partes y esto podría ser muy trabajoso, porque en realidad nadie puede aprender metodología de la investigación en tres meses, mucho menos nadie puede aprender análisis estadístico en tres meses. Y si fuera posible, entre ambos suman seis meses, un tiempo muchísimo más largo o amplio de lo que muchos tesistas desearían tener para culminar su trabajo.

Por esta razón, el asesor de servicios debe desarrollar partes específicas del estudio y en un primer momento ayudarle a construir el proyecto de investigación; pero no lo debe hacer a puertas cerradas, es decir, no debe existir la situación de que el alumno o tesista le deja su idea de investigación al asesor de tesis y este lo construye en la soledad de su oficina o con su computadora, sino que debe hacerlo enfrente del alumno, por varias razones: si el asesor de tesis construye por sí mismo el trabajo de investigación, no tendría las ideas que necesita del alumno para impregnarlas en el proyecto; por otro lado, cuando el alumno necesite capacitación acerca del trabajo que se ha construido, el asesor de tesis va a tener que comenzar desde cero porque no le ha explicado absolutamente ninguna pauta de lo que se ha trabajado.

Si nos vamos a hacia otro extremo, encontraremos a un alumno que desarrolla todo, pero que el asesor de servicios le guía, le enseña los tipos de investigación, le enseña a plantear el estudio, le enseña qué es una variable, qué es un objetivo; esto tomaría muchísimo tiempo. Por esta razón, el punto de equilibrio que encontramos es que el asesor de tesis construye el proyecto de investigación pero enfrente del alumno, de tal modo que cada palabra o pauta que se escriba en el proyecto de investigación se la vaya explicando al alumno.

El alumno no tiene que conocer toda la metodología de la investigación o todos los métodos investigativos, de hecho, ningún investigador, por más experimentado que sea, los conoce. No existe profesional de la estadística que se conozca todos los procedimientos estadísticos, así que no podríamos esperar que el alumno los conozca, lo que sí debe conocer el alumno o el tesista es cada uno de los procedimientos tanto metodológicos como estadísticos y académicos, además de técnicos que deben estar en el trabajo de investigación.

En un primer momento, el asesor de tesis empieza a construir enfrente del alumno el proyecto, comenzando, por supuesto, por el enunciado y debe irle explicando paso a paso en qué consiste la creación de un enunciado, qué significa el propósito del estudio, qué significan las variables analíticas que aparecen en el enunciado, de hecho, son las únicas que aparecen, qué significan las unidades de estudio y cómo diferenciarlas de las unidades de información, de las unidades de observación con las que habitualmente el alumno las confunde.

Algunos alumnos que realizan estudios retrospectivos y que para ello utilizan a las historias clínicas se dirigen a la oficina de registros de archivo y piden prestadas las historias clínicas para obtener información a partir de ellas y poder concretar su trabajo; creen que las historias clínicas son las unidades de estudio.

Cuando nosotros deseamos conocer de manera retrospectiva la presión arterial o la temperatura, quien tiene la presión arterial alta tiene la hipertensión, es el paciente quien tiene la temperatura alta o la fiebre, es el paciente y no la historia clínica.

La historia clínica no puede tener hipertensión, tampoco puede tener fiebre; sin embargo, el dato que necesitamos acerca de este paciente se encuentra en la historia clínica y esta viene a ser la unidad de información, pero la unidad de estudio es el paciente.

Esta es una de las primeras confusiones que se le presentan al alumno y, por esta razón, el método o el camino que tiene que recorrer se ve muy confuso, se ve poco claro, se ve tortuoso y a veces hasta el alumno tiene mucho desánimo por continuar con este trabajo. Entonces, el asesor de tesis que está construyendo el proyecto de investigación en frente del alumno le tiene que ir explicando a medida que va avanzando, cuáles son los conceptos exactos, en este momento no podemos hablar de la historia de la ciencia, de las funciones de la ciencia, de la teoría del conocimiento, eso hay que dejarlo para un curso de filosofía. En este momento estamos desarrollando una cuestión totalmente práctica, estamos desarrollando un proyecto de investigación y lo que consignamos en este documento son conceptos muy claros y muy definidos que lógicamente los debe tener el asesor de tesis y se los trasmite al alumno.

A partir de esta dinámica el alumno también va a ir soltando algunas preguntas porque le van a ir surgiendo algunas dudas. Será el alumno con su interés natural, con el ímpetu que caracteriza a la juventud, que haga las preguntas de qué diferencia hay entre un estudio prospectivo y uno retrospectivo; que sea el alumno quien pregunte qué es un estudio ambipectivo, que sea él, si nosotros le explicamos sin que él haya preguntado qué es este estudio, y le explicamos que tal cosa no existe, lo vamos a confundir.

No tenemos que sobresaturar de información al alumno, de hecho, en esta primera fase cuando se construye el proyecto de investigación paso a paso, delante del alumno, hay que tratar de emitir la menor cantidad de conceptos posibles, solamente tocar algunos temas muy puntuales y si el alumno no pregunta sobre un determinado concepto es mejor que en este momento, en esta primera fase de la construcción del proyecto paso a paso, no mencionársele porque puede haber muchos conceptos que él está recibiendo como novedosos y que es natural que le surgen algunas dudas y tenga algunas preguntas, pero que sea él quien las haga.

En esta primera fase no debemos abrumarlo ni sobresaturarlo con conceptos y comentarios que no vienen al caso, entonces, si lo que tenemos enfrente es una variable objetiva y una variable subjetiva, vamos a poner como ejemplo a la variable peso para las variables objetivas y a la variable calidad de la atención para las variables subjetivas, habrá que indicarle cuál es la diferencia entre una variable objetiva y una variable subjetiva. Existen muchos conceptos relacionados alrededor de la variable objetiva y de la variable subjetiva hablando de la dimensionalidad, hablando de los instrumentos que se requieren, de las técnicas de recolección de datos; pero nada de eso debe mencionarse en este momento porque estamos en una fase de inducción.

El alumno, en este primer momento, está siendo bombardeado por un sinfín de conceptos y lo que queremos en esta primera fase es que fije con claridad los conceptos preliminares que le vamos dando, de tal modo que se vaya con un primer grupo de conceptos generales y que los vaya afianzando a lo largo del camino.

Naturalmente, le van a surgir algunas dudas y preguntas que tendremos que dejarlo para una segunda sesión. En este primer momento, definiremos solamente los conceptos más importantes y como es lógico le daremos un poco de bibliografía para que se nutra un poco más en todo este periodo, nadie puede aprenderse toda la metodología de la investigación en un día, mucho menos en una hora que va a durar más o menos este proceso.

De tal modo que a lo que le hemos consignado al alumno, lo que le hemos entregado, debemos añadirle un poco de bibliografía; pero no me refiero a un libro sino a resúmenes que pueda consumir en los próximos días, lo que queremos es asegurarnos de que cuando regrese traiga más conceptos y también más dudas para afianzar este camino. Hoy en día, con la disponibilidad de los recursos informáticos es ideal que todo este proceso sea grabado en video y entregado al alumno.

Pauta 6

La presentación del proyecto

Habíamos culminado con la elaboración de un proyecto en el paso anterior, enfrente del alumno habíamos creado cada uno de los segmentos de las partes del proyecto de tesis ya sea la taxonomía, el planteamiento del estudio, las variables y lo habíamos grabado en un video. Lo lógico es que el alumno ahora tenga más dudas que al principio porque le hemos suministrado un conjunto de conceptos y de teorías. Con la revisión de este material va a tener muchísimas más dudas que antes.

Pero es preciso no retrasarse nunca. Hay que despejar el objetivo del alumno. Para el asesor de tesis el alumno es un cliente. Recordemos la relación que existe entre el asesor de tesis y el tesista es una relación contractual, el alumno está remunerando al asesor de tesis porque la asesoría de tesis es una actividad profesional. Para quienes somos médicos que los alumnos acudan a consultarnos desde el punto de vista profesional es lo mismo que un paciente acuda a nuestro consultorio médico, por lo tanto, este trabajo profesional es remunerado. Entonces, el asesor de tesis se tiene que trasladar hacia los zapatos del alumno, la visión que debe tener el asesor de tesis de todo este proceso es la misma visión que la del alumno, por lo tanto, el objetivo más importante aquí es la graduación.

Si lo comparamos con un abogado, el asesor de servicios es el abogado y el alumno vendría a ser el cliente. El objetivo más grande que tiene el abogado para con su cliente es ganar el juicio, esa es la visión que debe tener el asesor de tesis. En ningún caso debería confundirse con un jurado, por ejemplo, como a veces suele ocurrir y esto ya es una degeneración extrema de la labor del asesor de tesis, cuando él debe ser un facilitador.

La estrategia consiste entonces en presentar el proyecto de investigación tal y como se encuentra, es cierto que necesita algunos ajustes, necesitará reforzar la teoría, agregar más antecedentes investigativos, que el tiempo que se ha dispuesto para la elaboración de este proyecto no ha sido suficiente, que en el camino iremos encontrado más artículos, más teoría que pueda solventar y sustentar el trabajo de investigación; pero si tenemos en cuenta que el objetivo más grande del alumno es ganar tiempo, lo sensato es presentar el proyecto de investigación tal como está, así como se construyó en la primera visita entre el alumno y el asesor de tesis, y hay varias razones para realizar esta estrategia.

Primero, porque no existe proyecto de investigación perfecto, no importa cuánto tiempo te tomes, no importa cuánto dispongas para elaborar tu proyecto, incluso no importa cuántas personas participen en la elaboración de un proyecto, no existe proyecto de investigación perfecto, siempre habrán sesgos que puedan ser identificados y controlados.

Vamos a dejar esta tarea para el camino, para el recorrido, nadie va a aprobar el proyecto de investigación así como lo presentan. Eso no ocurre, de hecho, la labor del jurado o dictaminador, en este caso, para efectos de la revisión del proyecto de tesis, tiene como finalidad identificar estas dificultades o estas falencias que haya podido haber en el proyecto de investigación.

Ahora, a este escenario hay que agregar algunas condiciones. En primer lugar, los asesores de tesis siempre son investigadores y por eso ofertan su servicio profesional, nadie que no sea investigador ofertaría el servicio de asesoría de tesis. Por lo tanto, partimos de una buena premisa: el asesor de tesis es un investigador y conoce la metodología, la estadística e idealmente si no comparte la línea de investigación con el alumno comparte campo del conocimiento, es decir, médicos asesorando médicos, abogados asesorando abogados, arquitectos asesorando arquitectos, odontólogos asesorando odontólogos, ese es el escenario ideal.

No podemos pensar en biólogos asesorando médicos o enfermeras asesorando nutricionistas. Ese esquema no es ideal, no podemos compartir los conocimientos entre dos campos distintos, eso no es posible. Lo ideal incluso es que el asesor de tesis comparta la línea de investigación con el alumno, es decir, el tema que le apasiona, pero esto es utópico, esto no es algo que se pueda alcanzar, entonces, por lo menos debe tener la misma carrera profesional. Ese es el asesor ideal.

Ahora, si el alumno tiene un asesor cuya carrera profesional es la misma que el que está postulando o está ostentando, si se encuentra en la maestría o doctorado, y luego volteamos los ojos a ver al jurado, que en muchas veces no son investigadores, y esto es real, entonces, el proyecto de investigación tiene más aciertos que desaciertos a los ojos del jurado; por esta razón, muchos jurados no se enfocan en revisar la parte metodológica y estadística del trabajo de investigación y solamente se dedican a dos cosas: primero, a revisar el contenido académico, y segundo, a dar una revisada a la parte formal, a lo que realmente importa menos en un trabajo de investigación.

Seamos honestos, si los márgenes del proyecto no están de acuerdo al reglamento esto no hace que los objetivos estén mal planteados ni que las conclusiones no tengan la exactitud que debieran tener. Así que si la letra no corresponde a lo que indica el reglamento de tesis ciertamente no cumple con la pauta formal, pero no hace del método investigativo un método erróneo; sin embargo, los jurados, en la práctica, únicamente se enfocan en el contenido académico y en el aspecto formal.

Fijémonos, entonces, que el trabajo de investigación que ayudó el asesor de tesis a construir enfrente del alumno estuvo enfocado específicamente en el método, en la estadística, en la parte técnica, en las mediciones materiales de verificación, instrumentos, objetivos, hipótesis y, entonces, es muy difícil que el jurado le encuentre errores metodológicos, que sí los puede tener, eso puede ocurrir, es innegable que puede tener errores.

El proyecto de investigación construido en un solo momento sí los puede tener, pero un jurado que no es investigador no va a percatarse de ellos, no los va a poder identificar y se va a enfocar únicamente en el contenido académico y en la forma. Ahora, el alumno que está ostentando o está postulando a un grado académico conoce la teoría y tiene que darse ese trabajo de reforzar el marco teórico, así como los antecedentes investigativos; lógicamente, tendrá que darle una revisada al reglamento para ver el tamaño de letra, el espaciado, los márgenes, la forma de citar la bibliografía, eso se aprende en treinta minutos, no es algo difícil ni complicado.

El tesista tendrá que darse su tiempo para dar una revisada a todos estos aspectos formales; entonces, el jurado va a realizar sus modificaciones de siempre, ni qué hacer. Los dictaminadores que más adelante serán jurados van a buscar algún tipo de modificación en el trabajo de investigación, en el proyecto que se está presentando en este momento, esa es su función. Es muy difícil que los dictaminadores aprueben el proyecto de investigación tal y como está, entonces, hay un tiempo en que los dictaminadores permiten al alumno o le dan un tiempo para que pueda hacer las modificaciones, las sugerencias o las correcciones que ellos hayan planteado en este tiempo, que se debe aprovechar para hacer una segunda revisión.

El asesor de servicios no ha terminado su trabajo, mucho menos el alumno, es en este segundo momento en que deben darle una segunda revisada y esta vez el alumno trae una serie de preguntas, dudas y dificultades que se le hayan podido presentar, además, trae los argumentos de los dictaminadores o jurados.

Los dictaminadores si es que se han entrevistado personalmente con el alumno ya le hicieron algunas preguntas respecto a los objetivos, la hipótesis, el muestreo o los instrumentos, comoquiera que estos dictaminadores más adelante se van a convertir en jurados, más vale que el alumno se vaya preparando en estos temas que ya han sido identificados por los docentes que van a calificar su trabajo. De alguna manera ya le están anunciando lo que le van a preguntar en el proceso de la sustentación; por eso todos estos datos de la conversación que hay entre el alumno y los dictaminadores deben ser anotados. Y cuando vaya con su asesor de tesis le ponga al corriente de todos estos conceptos, de todas estas dudas que se le hayan ocurrido.

Además, el alumno debe llevar sus preguntas, que han surgido espontáneamente de la lectura de su trabajo, además el asesor de tesis en todo este tiempo ha ido reflexionando acerca de las ideas que han sido consignadas en el documento y comoquiera que tiene un compromiso con el alumno tiene una relación contractual y tiene que cumplir un contrato.

En el camino, en este proceso, en estos días va a revisar y enfocar toda su tarea académica en el trabajo de tesis que se está construyendo, de tal modo que en una segunda reunión que también tiene una larga duración entre el asesor de tesis y el alumno se puedan solventar todas estas dudas pero esta vez ya es dirigido ya no es amplio y exploratorio, ya es semiestructurado, ya el alumno trae preguntas muy específicas que le surgieron de forma natural y que le hicieron los dictaminadores y, además, el asesor de tesis habrá tenido de oportunidad de ajustar algunas situaciones que se hayan podido escapar en este camino.

Pauta 7

La revisión integral del proyecto

Esta es una segunda reunión entre el asesor de tesis y el tesista. Recordemos que en la primera reunión que tuvieron construyeron el proyecto de tesis, que lo hicieron ambos. Si bien el que dio la pauta fue el asesor de tesis, el alumno no es solamente un espectador, sino que va a poner preguntas y argumentos a lo largo de todo este proceso, luego se presentó el trabajo de investigación a la universidad y los dictaminadores siempre van a realizar algunas observaciones; por lo tanto, se requiere de una segunda reunión entre el alumno o tesista y su asesor de tesis.

Pero esta segunda reunión tiene ya objetivos muy puntuales y específicos. La finalidad de esta reunión es solventar todas las dudas que se le hayan podido generar al alumno de manera espontánea. En una primera visita únicamente se le dio las pautas generales, y con la finalidad de no sobresaturarlo se le dio los conceptos más importantes respecto a su trabajo (no en torno a toda la metodología de la investigación porque esta podría ser definida como infinita) y lo estrictamente relacionado a su proyecto.

Aun así al alumno le deben haber surgido dudas. En todos estos días de leer y releer su trabajo debe de haber encontrado que hay conceptos que no le quedan claros, que hay conceptos que le quedan confusos, conceptos de los que no tiene ni idea de por qué en su estudio no se hizo el muestreo cuando en los libros ha leído que el muestreo es parte de todo trabajo de investigación y la duda natural que le va a surgir entonces es por qué mi estudio no tiene muestreo y es una duda genuina y que puede surgir espontáneamente del alumno, pues, él debe hacer un listado de todas estas dudas, de todas estas preguntas que le va a realizar a su asesor de tesis.

Además, si se ha entrevistado con los dictaminadores, también deberá anotar todas las preguntas que estos le han realizado ya sea que haya tenido ocasión de responderlas con acierto o no, después de todo los tesistas son investigadores en formación, nadie espera que en una primera visita el tesista responda acertadamente todas las preguntas que le haga el grupo de los docentes llamados dictaminadores.

Así que incluso si nos ponemos en los zapatos del jurado, no podríamos exigir que sea un trabajo perfecto o desarrollado 100% a cabalidad, de tal modo que el alumno de alguna forma pasó por esta entrevista, por esta fase, y ha tenido ocasión de anotar todas las preguntas que los dictaminadores le han hecho.

Entonces, se acerca a su asesor de tesis con dos listados que hay que revisar para entrenar más al alumno en todo este camino, pero adicionalmente el asesor de tesis tiene su propio listado porque todos tenemos la capacidad de redimirnos y de corregirnos a nosotros mismos, así que si bien podíamos haber desarrollado un proyecto de investigación delante del alumno, este puede tener errores que luego el asesor de tesis bien podría percatarse. Entonces, son tres listados que hay que revisar, y estos tres listados deben ejecutarse de manera simultánea con la finalidad de ganar tiempo.

Entonces, sí podemos integrar estos tres listados, los vamos a ir revisando de manera secuencial a lo largo del trabajo de investigación y nuevamente vamos a ocuparnos únicamente a las dudas que se encuentre en estos tres listados, en los conceptos que creemos son más importantes en esta segunda visita. Si bien vamos a ampliar algunos de los temas tanto metodológicos y estadísticos o académicos tampoco es que vamos a dar un curso de metodología de la investigación al alumno, tampoco es que le vamos a enseñar procedimientos estadísticos que nada tienen que ver con su trabajo de investigación. Es decir, si su estudio no lleva hipótesis es mejor que nos callemos y no hablemos de la hipótesis, expliquemos las razones por la que su estudio no lleva hipótesis y nada más, no hay razón para adentrarse en ese mundo de la hipótesis si el estudio no lo lleva.

Por otro lado, si el estudio cuenta con una hipótesis, en ese caso sí hay que ahondar sobre este determinado tema. Vayamos ahora al tema del muestreo, si el estudio que se está realizando es sobre toda la población de estudio y no se está ejecutando muestreo, es mejor obviar todo lo concerniente a muestreo y evitar sobresaturar al alumno con temas que nada tienen que ver con su trabajo de investigación; y lo mismo podemos aplicar a los instrumentos, si el estudio en curso es un estudio retrospectivo, quiere decir que los datos se están consignando de archivos que pueden ser historias clínicas, documentos, informes de cirugías, informes de rayos X, entonces, no vamos a necesitar estos instrumentos porque los instrumentos ya fueron utilizados, los datos ya fueron medidos, el investigador no necesita utilizar instrumentos, la temperatura ya está medida y consignada en la historia clínica, la presión arterial también.

El investigador de un estudio retrospectivo nunca tiene contacto directo con la unidad de estudio que podría ser el paciente. De tal modo que no necesita tensiómetro o termómetro porque los datos que se pueden obtener ya fueron medidos. Si esto es así, entonces, para qué hablarle de instrumentos al alumno, para qué abrumarlo de conceptos que nada tienen que ver con su trabajo.

El punto máximo al que debemos llegar es hablarle de por qué no utiliza instrumentos su trabajo de investigación, y nada más. En esta segunda visita y en esta segunda conversación se hará una revisión integral del proyecto de investigación repasando los conceptos que se habían emitido inicialmente y revisando todas las dudas que le hayan surgido de manera autónoma al alumno y también de las revisiones que hizo el grupo de los dictaminadores. Esta tarea en realidad es muy sencilla, es un poco complicada cuando el proyecto de investigación no fue elaborado o en cuya construcción no tuvo participación el asesor de tesis.

Trasladándonos a otro escenario, existen alumnos o tesistas que han construido por sí mismos su proyecto de investigación y, de hecho, que al no tener apoyo de un asesor de tesis o de una persona que lo guíe tiene muchos más defectos, errores y sesgos en el método investigativo. Lo presenta a la universidad y lógicamente los dictaminadores detectan estos problemas que puede tener el proyecto de investigación cuando no ha tenido la participación de un asesor, de un investigador, no ha sido posible obtener el visto bueno de un investigador antes de presentarlo a la universidad.

Entonces, el proyecto de investigación tiene muchísimos más errores. Algunos alumnos optan por escoger un asesor de tesis o por contratar un asesor de tesis únicamente en este momento y la tarea para el asesor de tesis va a ser muchísimo más ardua porque no ha participado en el desarrollo preliminar de este proyecto, aun así es posible tomar la posta del desarrollo del trabajo.

Si es que esto ocurre, un asesor de tesis debe estar preparado para inmiscuirse en el desarrollo del trabajo en cualquier punto en el que se encuentre el tesista (no estamos hablando de la visión sublime y que puede tener un tutor de tesis, un mentor o un maestro), es posible que el alumno recurra al asesor de tesis en un proceso o en un periodo más avanzado, que no acuda a él desde el principio y esto es muy similar a lo que ocurre con los pacientes. Todos los médicos quisiéramos que los pacientes acudieran a consulta cuando presentan los primeros síntomas, cuando la enfermedad todavía es leve, cuando un tratamiento simple puede solucionar el problema.

Sin embargo, la realidad nos dice que los pacientes acuden cuando ya están complicados, cuando la enfermedad está muy avanzada, cuando la historia natural de la enfermedad ha hecho todo su recorrido y a veces hay muy poco que hacer por el paciente. Sin embargo, los médicos igual tenemos que socorrer a la persona porque sea la situación en la que se encuentre ya sea en un estado inicial o avanzado de la enfermedad, siempre tendremos que echarle una mano, siempre tendremos que plantearle una solución. No porque el paciente haya descuidado su salud y se encuentre en una situación avanzada debemos rechazar su solicitud de brindarle nuestros servicios.

Lo mismo ocurre con el tesista, es posible se encuentre en medio camino, que haya presentado su proyecto de investigación, que tenga un sinfín de errores metodológicos y estadísticos y sesgos, que los dictaminadores le hayan encontrado también un conjunto de errores y dificultades al proyecto. En esta situación, el alumno se presenta donde el asesor de tesis y muchos asesores de tesis no quieren comprometerse con las circunstancias, pero el trabajo profesional nos indica que no importa en qué situación se encuentra el alumno, que debemos tomarlo en el momento en el que se nos presenta y conducirlo hacia logro de sus objetivos, en este caso, la graduación.

A través de este procedimiento denominado tesis, ciertamente hay que desarrollar un estudio con pautas metodológicas y científicas correctas, pero el objetivo principal es el objetivo del alumno. El alumno es un cliente y, por lo tanto, su objetivo es nuestro objetivo, debemos hacer sus problemas nuestros problemas para que podamos ayudarlo a conducir eficazmente su trabajo.

Pauta 8

Las contradicciones del jurado

Cuando un grupo de docentes ya sean dictaminadores o jurados le devuelven el trabajo al alumno, le hacen una serie de modificaciones, no vamos a decir correcciones porque la palabra corrección tiene una connotación de error: solo se corrige aquello que está errado, y la verdad es que no todas las modificaciones que plantean los dictaminadores o jurados son errores. De hecho, muchas de las modificaciones que plantean los jurados no corresponden a errores, que quien está en error es el propio jurado, tal es así que debemos identificar tres tipos de modificaciones.

Las vamos a denominar modificaciones y no correcciones, porque muchas de ellas no corresponden a errores, tampoco lo vamos a denominar observaciones porque no son errores. Estas modificaciones que los dictaminadores hacen al proyecto y los jurados al informe final de tesis son de tres tipos.

Existen unas modificaciones que son pertinentes y que pueden ayudar a mejorar el método, de hecho, si los jurados son investigadores pueden tener una visión muy particular del trabajo de investigación y podrían sugerir mejoras al método investigativo, podrían sugerir cambios que permitan pulir la estrategia metodológica, podrían plantear, agregar o modificar el proyecto de manera que la validez del estudio sea asegurada.

En ese caso, cuando nos encontramos frente a ese tipo de modificaciones pertinentes, lo lógico es que debamos aceptarlas, esto debe hacerse en cualquier caso, cualquier recomendación que permita mejorar nuestra idea de investigación debe ser bienvenida y debe ser incluso solicitada. Así, todas estas modificaciones deben ser identificadas por el asesor de tesis recordando que el alumno es un investigador en formación y más aún los alumnos de pregrado que no tienen experiencia en identificar este tipo de modificaciones que plantea el jurado, el alumno cree que todo lo que le ha planteado el jurado debe modificarse.

Incluso el alumno cree que todo lo que el grupo de dictaminadores le ha indicado debe hacerse, ese es el concepto general que tienen los alumnos o tesistas, pero lo cierto es que las modificaciones pertinentes son las únicas que deben ejecutarse a cabalidad como lo indican el grupo de los dictaminadores o jurados.

Por otro lado, tenemos a las modificaciones irrelevantes. Muchos de los cambios que solicitan los jurados son realmente sin importancia, no tienen ninguna relevancia, no ayudan a mejorar el método; pero tampoco lo perjudican. Hay jurados que se enfocan en situaciones poco importantes como en la ortografía, por ejemplo. Eso es algo que se debe revisar al final, no en el momento al que debemos asegurarnos de la validez del método. Si no nos aseguramos que el método es el correcto, entonces, que razón habríamos de tener para revisar la ortografía. Eso es algo que se debe dejar para el final, o cuestiones de presentación como las gráficas para los resultados o sus correspondientes tablas. Algunos jurados, por ejemplo, dicen que las tablas deben ir acompañadas por gráficas, eso es irrelevante porque si bien los resultados se deben presentar o en tablas o en gráficas, que el alumno presente ambos no es un error, es decir, las conclusiones no van a cambiar porque el alumno presente la tabla y la gráfica de manera conjunta.

Eso no tiene relevancia, no hace cambiar las conclusiones ni las recomendaciones ni la línea de investigación, no afecta el propósito investigativo. Entonces, cuando estamos frente este tipo de modificaciones que son irrelevantes la estrategia para ganar tiempo es que hagamos caso al jurado si realmente el cambio, la modificación que ellos han sugerido, no perjudica al método, entonces, por qué hacernos una dificultad de ello, simplemente hay que seguirles la corriente, hay que hacerles ver que no estamos oponiéndonos a sus sugerencias.

Muchos de ellos con muchos años de antigüedad tienen unos aires de autoridad científica que no podemos ofender, así que debemos seguir las pautas que nos indican, no importa que sean irrelevantes mientras no perjudiquen al método hay que hacerlas. Pero existe un tercer grupo de modificaciones que plantea el jurado, las primeras son las pertinentes, las segundas son las irrelevantes y las terceras son las contraproducentes.

En este caso, el alumno no se da cuenta que son modificaciones contraproducentes porque no tiene experiencia en el manejo del método o de la estadística o incluso del contenido académico, no puede percatarse que lo que el jurado le está pidiendo perjudica su estudio. Es aquí donde debe entrar el asesor de tesis, quien conoce la metodología y puede identificar si la modificación que el jurado ha planteado perjudica al método. Un ejemplo clásico muy difundido, muy frecuente de encontrar, es acerca de los factores de riesgo.

Para poder estudiar los factores de riesgo vamos a suponer para la hipertensión, necesitamos un grupo de pacientes con hipertensión y un grupo de personas sin hipertensión; a partir de los dos grupos estudiar una serie de características que si son factores de riesgo están presentes en mayor frecuencia en el grupo de hipertensos y no tan frecuentes en el grupo de no hipertensos, llámese enfermos y sanos o casos y controles, respectivamente.

Algunos jurados creen que para estudiar los factores de riesgo para la hipertensión hace falta solamente tener el caso de los hipertensos y tienen una serie de teorías al respecto, ninguna de ellas es lógica, ni está avalada por el método; pero suelen empecinarse en sugerir este cambio al tesista. Incluso ellos lo plantean como un error, lo plantean como una modificación, como una observación que el alumno tiene que hacer, muchos de los jurados ni siquiera se entrevistan con los tesistas y dejan solamente un informe por escrito en la oficina correspondiente, el mismo que tiene que ser recabado por el alumno y cumplir al pie de la letra cada una de las recomendaciones a veces bastante extendidas que ellos suelen dar.

Es común y a veces vergonzoso para quienes hacemos investigación ver que los jurados o dictaminadores les entregan estas modificaciones en papel y lo que es peor les entregan las mismas recomendaciones a todos los alumnos, llenas de modificaciones irrelevantes y contraproducentes. Realmente esto es una vergüenza, pero ocurre. ¿Qué hacer ante esta situación? ¿Cuál es la salida que podemos plantearle el alumno? Recordemos que para el alumno el asesor de tesis es como un abogado y lejos de ponerle obstáculos en el camino debe facilitarle el camino.

Los jurados plantean modificaciones contraproducentes y el alumno debe estar en la capacidad de poder sustentar este argumento que él tiene para no realizar esta modificación contraproducente. Si es que el alumno ejecuta esta modificación va a perjudicar su método y, por lo tanto, no va a tener que complacer al jurado en esta circunstancia. El asesor de tesis debe prepararlo de una manera muy puntual y muy objetiva con las razones que el alumno tiene que argumentar enfrente de su jurado para no ejecutar estas modificaciones y, por supuesto, esto podría derivarse en una complicación mayor como cuando los jurados se contradicen entre ellos.

De hecho, no es poco frecuente observar esta situación cuando un jurado le pide una modificación distinta a la del otro jurado; y esto se pone peor si de los tres jurados ninguno está de acuerdo. ¿Qué hacer frente a esta situación? El alumno realmente se ve desolado, desamparado, desatendido y, por supuesto, deprimido porque los jurados no se ponen de acuerdo entre ellos. ¿Cómo es posible que podamos solventar o pasar esta situación?

La estrategia que podemos utilizar es la siguiente: entre los jurados existen jerarquías, de hecho, uno de ellos es el presidente del jurado habitualmente la persona con más años de servicio en la universidad, a veces tiene tantos años de servicio que resulta siendo el maestro de los otros dos jurados, ese es un caso extremo, pero en muchos casos si esto no ocurre, uno de ellos es el presidente del jurado, tiene más autoridad como canas también puede exhibir, entonces, podemos aprovechar esta circunstancia para poder solventar esta dificultad.

Si entre los jurados no se ponen de acuerdo, el alumno debe enfocarse únicamente en el jurado que es el presidente y son las sugerencias que este le ha recomendado las que deberá completar, siempre que no sean contraproducentes. Si bien el argumento no es válido, es una estrategia que se debe utilizar con los otros dos jurados. El presidente del jurado es quien le ha planteado esas modificaciones y le ha validado y le ha dado un visto bueno a las modificaciones que ha hecho, entonces, como los otros miembros de jurado no tienen la misma jerarquía se van a limitar y se van a inhibir de opinar, y van a tener que dar por aceptado el proyecto de investigación.

Esto no es más que una estrategia porque el alumno realmente cuando los jurados no se ponen de acuerdo se encuentra en una dificultad extrema sobre todo porque los jurados no se reúnen y le dan las pautas de modificación al alumno por separado, cuando lo ideal es que estos jurados se reúnan y en conjunción con el alumno puedan identificar si hay algo que modificar.

Esto normalmente no ocurre y ante una dificultad que ellos mismos generan habrá que salir con una defensa totalmente estratégica.

Pauta 9

La preparación para la sustentación

No importa en qué proporción el asesor de tesis haya construido tanto el proyecto de investigación como el informe final para el alumno, quien va a sustentar no es el asesor de tesis sino el alumno. De hecho, la evaluación que los jurados debían realizar de todo este proceso no es a la tesis sino al tesista porque un alumno que ha contratado a un investigador con experiencia y le ha encargado el 100% de su trabajo diríamos que está comprando su tesis porque él no ejecutó ningún procedimiento. Entonces, va a tener serias dificultades al momento de la sustentación y es muy fácil darse cuenta cuando un alumno no ha hecho su tesis o cuando no ha participado en ella.

Así que hay que preparar al tesista para la sustentación, que está conformada por la presentación del trabajo de investigación y por la defensa de la tesis. El alumno es quien va a realizar la defensa y el asesor de tesis es quien debe preparar al alumno para que pueda realizar esta tarea con mucha eficiencia, entonces, en esta parte el asesor de tesis ahora se dedica a preguntar al alumno. Se supone que en todo este periodo ya se le ha brindado los conceptos necesarios para que pueda almacenar el conocimiento metodológico y estadístico relacionado estrictamente con su trabajo de investigación.

De esta manera, el asesor de tesis se debe asegurar si el alumno ha logrado asimilar con eficiencia todo esto; y esta vez debe preguntar al alumno todo lo que está consignado en su trabajo de investigación. Es decir, que si su trabajo de investigación es un estudio longitudinal, el alumno debe saber definir exactamente qué es un estudio longitudinal, por qué su estudio es longitudinal, qué es lo contrario a un estudio longitudinal, cómo sería su estudio si es que no fuese longitudinal.

El alumno debe ser capaz de responder todo esto. Para ello, por supuesto, ha habido una preparación previa, una capacitación a lo largo de todas las reuniones que ha tenido el alumno con su asesor de tesis, entonces, el asesor de tesis empieza a preguntarle al alumno acerca de la unidad de estudio. El alumno debe saber identificar cuál es su unidad de estudio y diferenciarla de la unidad de información, así como la unidad de observación y todo lo concerniente a su trabajo de investigación.

Lo mismo debe suceder cuando de procedimientos estadísticos se trata, es posible que el asesor de tesis, un asesor de servicios, le haya desarrollado el procedimiento estadístico al alumno. Esto con la finalidad de ganar tiempo. No se trata de que el asesor le haga el trabajo al alumno, sino que es la única forma de conseguir el objetivo a una velocidad mayor. Si es que esto es así, si es que el asesor de tesis le ha desarrollado el procedimiento estadístico debe también encargarse de que el alumno sea capaz de desarrollar el mismo procedimiento de manera individual, personalizada.

Al alumno se le debe entregar su matriz de datos, el software si es que se ha trabajado con uno determinado, para que él pueda desarrollar enfrente del asesor de tesis cómo se ejecuta el procedimiento estadístico. El hecho de que el asesor de tesis le haya ejecutado el procedimiento para consignarlo en su trabajo no significa que esto quede ahí, la labor del asesor de tesis no es desarrollar segmentos del proyecto o del informe final, sino de capacitar al alumno para que lo pueda replicar.

El alumno tiene que estar en la capacidad de replicar procedimientos estadísticos. Si se ha hecho un cálculo del tamaño de la muestra tiene que ser capaz de replicar ese mismo procedimiento y obtener el mismo resultado que se muestra en su proyecto de investigación. En ningún caso los jurados van a aceptar respuestas del alumno como la siguiente: "Es que mi asesor me dijo que era de esta manera".

Esta respuesta no es válida, los alumnos no pueden responder ante las preguntas del jurado con argumentos de este tipo, no es posible, no se le puede aceptar al alumno que indique que un procedimiento en su proyecto o en su informe está desarrollado de una determinada manera porque su asesor le indicó.

De hecho, el asesor de tesis no tiene ninguna relación con la universidad, la relación que tiene el asesor de tesis es solamente con el tesista y es una relación contractual, así que no existe el argumento de que el asesor me dijo que lo hiciera de esta manera, eso es totalmente inaceptable. A la universidad, que tiene como representantes al grupo de los dictaminadores o jurados no le interesa si es que el alumno tiene un asesor de tesis o no, eso es lo menos importante, cuando nos toca hacer la figura de los jurados, cuando nos toca participar como jurados de una tesis no nos debe importar si el alumno tuvo o no un asesor de tesis o si ha tenido varios.

Tampoco nos debe interesar si el alumno realizó el procedimiento estadístico o si contrató a un asesor estadístico para que le ejecutara las pruebas estadísticas que se observan en su informe final; eso no interesa, el alumno tiene que estar en la capacidad de replicar los procedimientos tal y como se muestran en su documento.

Así es la capacitación que debe tener el alumno para el momento de la sustentación, debe ser capaz de emitir cualquier argumento relacionado con su trabajo, así como ejecutar cualquier otro procedimiento.

Hoy en día, una de las formas más habituales de realizar una presentación de tesis es con la ayuda del proyector multimedia y las diapositivas PowerPoint; el alumno debe prepararse, debe tener solvencia en el manejo de la tecnología. Muchos alumnos en lugar de lograr que esta diapositiva PowerPoint sea una ayuda para la presentación les resulta, en realidad, un obstáculo cuando no pueden ubicar su archivo porque no han podido grabar individualmente este archivo en un pen drive, en una memoria con conexión USB, entonces, lo ideal es que esta presentación se prepare desde mucho antes de la sustentación en la que también el asesor de tesis debe participar, es decir, encargarse de que las pautas por las que se ha construido las diapositivas PowerPoint deban ser totalmente operativas.

Ciertamente, esta parece que ya no es una de las labores del asesor de tesis, sin embargo, la tarea del asesor de tesis termina cuando el alumno ha hecho una buena sustentación; entonces, si queremos hacer un buen trabajo profesional como asesores de tesis debemos asegurarnos también de que la sustentación sea desarrollada de manera impecable.

En algunas universidades se suele colocar un calificativo para el alumno en esta sustentación y habrá que apuntar siempre a la nota máxima. La preparación de las diapositivas debe entrenarse previamente haciendo que el asesor de tesis represente a la figura del jurado, quiere decir que el último paso del asesor de tesis es hacer la revisión general, y esto es hacer del abogado del diablo preguntando temas relacionados a la investigación, conceptos metodológicos y estadísticos, conceptos académicos de procedimientos, de recolección de datos técnicos, para asegurarse de que el alumno se encuentra realmente preparado.

Esta presentación preliminar lo debe hacer de la misma forma en que va a realizar la sustentación de tesis, es decir, con su proyector multimedia, con la misma computadora con la que ese día se va a apersonar a la defensa de la tesis, cargando los documentos que ese día habrá de presentar cuidando de que los tiempos utilizados para cada momento sean también muy cuidadosos, entonces, esta representación viene a ser un ensayo de la sustentación, donde el asesor de tesis hace del jurado y, por supuesto, tratará de sacar argumentos que los jurados podrían mencionar en ese momento.

Muchos jurados hacen preguntas disparatadas en el momento de la defensa de la tesis, luego de la presentación tienen una serie de preguntas que se van a ejecutar, y muchos jurados reconocen entre sí mismos que no están preparados como investigadores. Ellos saben que su experiencia investigativa puede ser más corta incluso de un tesista de maestría o de doctorado; en ese caso, una forma de evitar estas preguntas disparatadas es llevando público a la sustentación, mientras más público asista a la sustentación de tesis más probabilidad de que alguno de los presentes en el público se percate de que los comentarios del miembro del jurado no sean pertinentes y esto, por supuesto, ellos lo perciben de tal modo que mientras más público exista más se van a inhibir de plantear situaciones en las cuales ellos no están seguros.

Además, como la sustentación de tesis es un acto público, también es susceptible de ser grabado en video y, entonces, a nadie le gusta que lo graben en video cuando está mencionando un error, nadie quiere dejar esa huella para la posteridad donde plantea un argumento inválido o del cual no está seguro. Nadie permite que lo graben en esas circunstancias, entonces, grabar la sustentación es una buena forma de inhibir al jurado para que no emitan preguntas que a veces ellos mismos reconocen que no vienen al caso.

Pauta 10

Algunas consideraciones finales

Veamos en un primer momento el rechazo del proyecto de tesis o la desaprobación del proyecto de tesis, es posible que ocurra en alguna circunstancia que los dictaminadores determinen que el proyecto de investigación en curso por las razones que fueran debe ser desestimado, debe ser rechazado.

El proyecto de investigación es un documento legal y se atiene, por supuesto, no solo al reglamento de la universidad sino también a la ley; por lo tanto, todo proyecto de investigación rechazado debe ser desestimado mediante resolución, de tal modo que así como cuando los dictaminadores aprueban el proyecto de investigación mediante una resolución, también cuando es rechazado debe emitirse una resolución.

No podemos permitir que le devuelvan el trabajo de investigación al alumno únicamente con una opinión, con que les digan que el trabajo de investigación no es pertinente, que no hay nada nuevo, que no tiene utilidad, que está mal construido, que debe hacer correcciones grandes.

Ninguno de estos argumentos es válido si se va a rechazar el proyecto de investigación y menos si es por escrito.

Debemos tener en cuenta esta norma: el reglamento de tesis está supeditado a la Ley, y como tal debe cumplirse a cabalidad; de tal modo que si los dictaminadores han llegado la conclusión de que el proyecto definitivamente no es viable, deberán emitir una resolución de desaprobación a partir de la cual el alumno tendrá la posibilidad de presentar un nuevo proyecto de investigación para que pueda llevar a cabo su objetivo de graduación.

Otra de las consideraciones que debemos mencionar es cuando algún docente tiene animadversión por los alumnos o por algún alumno en especial. Existen situaciones y circunstancias donde el profesor se ha propuesto no aprobarle la tesis al alumno por algún tipo de discrepancia personal que hayan podido tener en el pasado; esto ocurre con una frecuencia más alta de lo que se cree. Existen muchos docentes que son muy emotivos a la hora de desarrollar su carrera pedagógica, su carrera docente, y desarrollan una animadversión por algún determinado alumno y cuando llega el proceso de la tesis o el proceso de la graduación encuentran la ocasión perfecta para perjudicar al alumno, para bloquear su camino.

Muchos reglamentos de tesis incluyen la posibilidad de cambiar a uno de los jurados y esto, por supuesto, es muy saludable porque existen situaciones o circunstancias donde el profesor incluso le dice directamente al alumno que no le va a aprobar el proyecto de investigación sin importar el cambio que le haga, incluso se niegan a emitir una resolución de desaprobación como para dejarlo colgado y evitar su camino hacia la graduación, como para dejarlo entrampado, también existe la posibilidad de que el jurado tenga algún problema personal con el asesor de tesis o con el jurado de tesis.

La tesis no es el documento a calificar, sino el tesista y, por lo tanto, nada tiene que ver aquí en el proceso de calificación ni el tutor ni el asesor o los asesores que pudieran existir. A veces los jurados suelen preguntar quiénes han sido las personas que han estado detrás de este trabajo, quiénes han sido los que le han apoyado, a veces con la intención de evitarse el trabajo de revisión, porque si el asesor de tesis ha sido un investigador muy renombrado, muy respetado, entonces, el jurado de tesis suele asumir que este trabajo de investigación ya está bien hecho y que no necesita ninguna revisión más y los aprueban en primera instancia.

Pero también puede ocurrir lo contrario, que entre docentes suelen ocurrir discrepancias personales y que por esta situación también se perjudique al alumno, se lo retrase en su objetivo de graduarse y esto es totalmente nefasto. Debemos revisar el reglamento de tesis y si no incluye la posibilidad de cambiar por decisión unilateral a alguno de los jurados debiera incluirse este acápite para evitar este tipo de situaciones.

Existen jurados que tienen una visión muy particular de la investigación, del proceso de la tesis e incluso de la actividad que realizan los alumnos (me refiero a la actividad científica). Hay jurados que por alguna razón, y felizmente son muy escasos, no aprueban ningún proyecto de investigación y suele ser la casualidad de que existen por lo menos uno por Facultad. Este tipo de jurado no permite que los alumnos tengan ideas originales, no permite que los alumnos avancen hacia su objetivo, deben tener algún tipo de trauma personal, algún problema mental o de cualquier naturaleza, pero no aprueban a ningún alumno, no importa lo que hagan, no importa si tiene un asesor que es un experto, no importa si su tutor es el mejor investigador de la ciudad, no los aprueban.

Esto es conocido, incluso, dentro de las Facultades los docentes saben quiénes son y por alguna razón no se ha hecho nada al respecto, cuando esto ocurre y el asesor sabe quién es ese jurado hay que evitar en lo posible que el alumno presente un trabajo de investigación en ese tema porque existe la probabilidad de que esa persona, este profesional, sea su jurado. Como el asesor de tesis pretende que su cliente, en este caso el alumno, logre su objetivo en el corto plazo, lo logré con eficiencia, hay que evitar a estos jurados que para quienes desarrollamos la asesoría de tesis como una actividad rutinaria los podemos identificar fácilmente.

Ahora, si por casualidad este jurado es asignado a uno de nuestros asesorados, existe la posibilidad de renunciar al proyecto de tesis. Hay que tener en cuenta que el alumno no busca resolver los problemas de la Facultad, existen dificultades y circunstancias que perjudican todo el sistema pero el tesista no es un instrumento para corregir este problema, no debemos utilizarlo para dejar un precedente, para dejar una huella de alguna modificación que hayamos podido hacer al reglamento de tesis o al sistema de graduación.

El objetivo del tesista es graduarse y no podemos perder ese objetivo. Como asesores de tesis debemos ponernos en su lugar y lo que él quiere es salir de esta situación, de esta circunstancia que por demás es agobiante porque se encuentra en un proceso de transición, acaba de terminar sus estudios. Si se trata del pregrado, se va a convertir en un profesional ya no va a ser un estudiante universitario, ahora va a tener otro tipo de responsabilidades y todo este proceso de transición, además, demanda gastos, invertir tiempo.

Entonces, enfrentarse con el jurado no es una buena opción, no es algo que se deba recomendar para los jurados que son reconocidos por no aprobar ningún proyecto de investigación, porque los hay. Debemos evitarlos por la razones que fueran, por los mecanismos que fueran ya sea evitando presentar un trabajo de investigación dentro de esa especialidad o, en el caso de que se le haya asignado este jurado, renunciando al proyecto de investigación para presentar otro. También existe la posibilidad de solicitar un cambio de jurados si es que el reglamento lo permite. Si existe esa posibilidad hay que plantearla desde el inicio y no pensar solamente de que este jurado va a hacer una excepción con este alumno: eso no va a ocurrir.

Así que no hay que considerarlo como una opción, tampoco hay que utilizar al alumno para arrinconar al jurado. Algunos asesores de tesis, quizás con mucha razón, se creen expertos en el tema de la metodología de la estadística, de la conducción de un trabajo de investigación y, a veces, pretenden utilizar a sus alumnos para demostrar que saben más que los jurados y, entonces, cuando el jurado emite una corrección, el asesor de tesis se contrapone a esa corrección y trata de que el alumno haga retroceder al jurado.

Esta situación es, por supuesto, antiética no se debe recurrir a eso para demostrar conocimientos, solvencia en métodos investigativos ni nada de ello. Esta es una de las menciones que debemos hacer en esta última parte porque también existe este tipo de situaciones. El alumno no es un instrumento para lograr dominio sobre el escenario y al igual de lo que ocurre con un paciente ya sea al momento en que el alumno se nos acerque y nos solicite una asesoría de tesis, debemos tomar esta solicitud y conducirlo desde el punto en el que se encuentre hasta el objetivo final.

En este caso, no es recorrer todo en la línea de investigación, sino es llegar al objetivo de esta batalla. La batalla es la graduación; la línea de investigación es la guerra. El alumno, más adelante, continuará su línea de investigación, esperamos que eso ocurra; pero para eso debe haber tenido la mejor experiencia en el desarrollo de su primer trabajo de investigación cuando se trata de un alumno de pregrado.

De tal modo que haya tenido una buena experiencia y, ahora, sí esté interesado genuinamente en desarrollar más investigación a lo largo de su vida profesional. El asesor de tesis debe contribuir con esta motivación, con este empuje, con este arranque, con esta inducción que debe tener el tesista en el desarrollo de su tesis.

ACERCA DEL AUTOR

El Dr. José Supo es Médico Bioestadistico, Doctor en Salud Pública, director de www.bioestadístico.com y autor del libro "Seminarios de Investigación Científica".

Programas de entrenamiento desarrollados por el autor:

1. Análisis de datos aplicado a la Investigación Científica

2. Seminarios de Investigación Científica

3. Validación de Instrumentos de Medición Documentales

4. Técnicas de Muestreo y Cálculo del Tamaño Muestral

5. Proyecto de Investigación – Diseño de casos y controles

6. Análisis Multivariado – Diseños Experimentales

7. Análisis de Datos Categóricos y Regresiones Logísticas

8. Técnicas de análisis Predictivos y Modelos de Regresión

9. Control de Calidad: Análisis del Proceso, Resultado e Impacto

10. Minería de Datos para la Investigación Científica.

11. Entrenamiento para Tutores, Jurados y Asesores de tesis

12. Herramientas para la Redacción y Publicación Científica

MÁS SOBRE EL AUTOR

El Dr. José Supo es conferencista en métodos de investigación científica, entrenador en análisis de datos aplicados a la investigación científica y desarrolla talleres sobre los siguientes temas:

Libros y audiolibros publicados por el autor:

1. Cómo se hace una tesis (Conferencia 120 minutos)

2. Cómo ser un tutor de tesis (Conferencia 120 minutos)

3. Cómo asesorar una tesis (Conferencia 120 minutos)

4. Cómo evaluar una tesis (Conferencia 120 minutos)

5. El propósito de la investigación (Conferencia 120 minutos)

6. Las variables analíticas (Conferencia 120 minutos)

7. Cómo elegir una muestra (Conferencia 120 minutos)

8. Cómo validar un instrumento (Conferencia 120 minutos)

9. Cómo probar una hipótesis (Conferencia 120 minutos)

10. Cómo se elige una prueba estadística (Conferencia 120 minutos)

¿Quieres saber más?

www.asesoresdetesis.com

www.ingramcontent.com/pod-product-compliance
Lightning Source LLC
Chambersburg PA
CBHW021414170526
45164CB00002B/647